U0168805

项目五

冯振波　郑孝干◎编著

带电处理 110kV 输电线路导线
节点发热（地电位法）

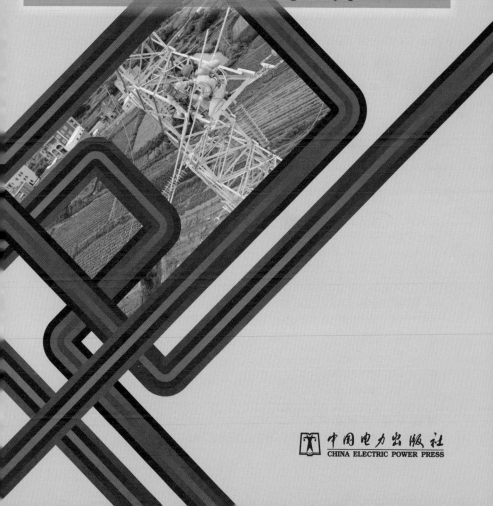

中国电力出版社
CHINA ELECTRIC POWER PRESS

内容提要

本书总结了国网福州供电公司在输电带电作业中积累的经验，以带电"特种兵"的基本功训练和现场实战技法为主线，基于福州地区富有特色的五种典型输电线路带电作业项目，以图片、文字和视频结合的方式介绍了输电线路带电作业的项目管控、项目实施和作业技巧。主要内容有带电更换 220kV 输电线路直线绝缘子串（地面提升法）、220kV 输电线路直线绝缘子带电单串改双串（地面提升法）、带电更换 220kV 输电线路直线绝缘子串金具（自平衡法）、110kV 输电线路耐张绝缘子带电单串改双串（滑车组法）、带电处理 110kV 输电线路导线节点发热（地电位法）。

本书主要面向架空输电线路带电作业相关技术人员，读者可根据情况参考应用。

图书在版编目（CIP）数据

架空输电线路带电作业图解 / 冯振波，郑孝干编著 . —北京：中国电力出版社，2020.12

ISBN 978-7-5198-5021-0

Ⅰ.①架… Ⅱ.①冯… ②郑… Ⅲ.①架空线路—输电线路—带电作业—图解 Ⅳ.① TM726.3-64

中国版本图书馆 CIP 数据核字（2020）第 186287 号

出版发行：中国电力出版社
地　　址：北京市东城区北京站西街 19 号（邮政编码 100005）
网　　址：http://www.cepp.sgcc.com.cn
责任编辑：杨　卓（010-63412789）
责任校对：黄　蓓　李　楠
装帧设计：北京宝蕾元科技发展有限责任公司
责任印制：吴　迪

印　　刷：三河市万龙印装有限公司
版　　次：2020 年 12 月第一版
印　　次：2020 年 12 月北京第一次印刷
开　　本：880 毫米 ×1230 毫米　32 开本
印　　张：2.25
字　　数：45 千字
印　　数：0001—1500 册
定　　价：108.00 元（全六册）

前言

随着电网的建设和发展,带电作业已成为输电设备测试、检修、改造的重要手段,在电力系统的安全可靠运行和效益提升方面发挥了十分重要的作用。我国的带电作业起步于 20 世纪 50 年代初,经过几代带电作业人的不懈努力,在带电作业理论研究、工器具研究开发、标准制定和安全管理等方面得到了良好发展。

国网福州供电公司自 1959 年成立输电带电作业班组以来,在摸索中创新、在实践中突破,已经走过起步发源、摸索试验、规范提升、积累沉淀和创新发展的不同历史阶段,在作业内容的多样化、作业工器具的轻巧化、作业项目的操作难度和广泛程度等方面取得了长足进步。

班组以劳模精神为引领,大力倡导工匠精神,不断加强人才队伍建设,培育输出了多名福建省五一劳动奖章获得者、福建省电力有限公司劳模及工匠和各类专家人才。并且在长期的工作中,班组形成了特色鲜明的创新文化,以"四大创新信条"和"三大创新支撑"指引创新工作,成效显著。班组依托承建的国家级技能大师工作室、国家电网有限公司劳模创新工作室和国网福建省电力有限公司输电带电作业工作室,目前已开展四十多项科技创新项目,获得国家知识产权局授权专利 90 项,在专业期刊杂志上发表论文 9 篇。还获得了"国际发明展金奖"及其他科技奖项 12

项，"福建省百万职工'五小'创新大赛一等奖"及其他省部级奖励 5 项，"福建省电力有限公司科技进步奖"及其他地市级或行业奖励 20 余项。大批高技能人才的培养和创新成果的应用为福州输电带电作业跨越式发展奠定了坚实的基础。早在 1989 年班组就组织开展 220kV 输电线路带电更换铁塔，2000 年就首次开展了输电线路导线带负荷切断重接、耐张线夹带负荷更换等大型复杂的带电作业项目。

本书总结了国网福州供电公司在输电带电作业中积累的经验，以带电作业"特种兵"的基本功训练和现场实战技法为主线，基于福州地区富有特色的五种典型输电线路带电作业项目，以图片、文字和视频结合的方式介绍了输电线路带电作业的项目管控、项目实施和作业技巧，读者可根据情况参考应用。

本书编写过程中，得到了各方面的大力支持。国网福建省电力有限公司林力辉、蔡金林、吴晓杰、张世炼、王启强、廖成师、董剑峰、曾小平、吴能锦、陈兴宝、陈国信、陈言团、吴健仁、陈永红、曾旺、林财德、蔡江河、康启程、曹祖鹰、廖肇葵、许金应、张锦锋、杨毅豪、杨毅航、陈炜等在编写过程中多次参与审稿与技术研讨；林信恩、陈文彬、卓晗、刘行洲、张良发、林华育、郑永健、赵新丰等参与素材的拍摄，为本书的出版提供了很大的帮助。在此，谨向上述有关同志表示感谢。

由于作者水平所限，加之时间仓促，书中定有错误和不妥之处，敬请广大读者批评指正。

作者

2020 年 8 月

目录
Contents

项目五
带电处理 110kV 输电线路导线节点发热（地电位法）

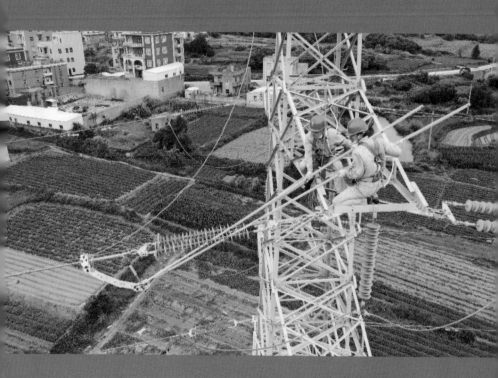

主要内容

导语

业务基础知识

作业前期准备

现场作业风险点分析与控制

现场作业程序

总结与提升

特种兵问答时间

① 110kV 输电线路导线节点发热通常会有哪几种情况？

② 你已知有哪些作业方法可以进行 110kV 输电线路导线发热节点带电处理项目？

③ 110kV 输电线路导线发热节点处理带电作业最关键的技术难点有哪些？

④ 在此类带电作业项目中你觉得以下工具哪些可能会被用到？

1-1 滑车组

紧固棘轮扳手

钢丝刷

绝缘起吊绳

单轮绝缘滑车

红外热成像仪

⑤ 开展 110kV 输电线路导线发热节点处理带电作业包括哪几个关键步骤？

⑥ 开展 110kV 输电线路导线发热节点处理带电作业过程中可能遇到的作业风险有哪些？

第一节　导语

　　输电线路导线耐张线夹按安装条件和结构主要有螺栓型耐张线夹和压缩型耐张线夹两种类型，其中压缩型耐张线夹是输电线路最主要的电气薄弱节点之一，经常会因为施工工艺不良或检修维护不到位，造成耐张线夹发热甚至烧熔断裂。由于负荷以及外部环境的不断变化，类似的问题在引流线的并沟线夹上也时常发生。

110kV 带电处理发热线夹

由于 110kV 输电线路安全距离小，作业时安全风险和作业难度更大，因此本项目重点介绍 110kV 输电线路导线耐张线夹（压缩型）发热带电处理的作业方法、作业流程、工艺要求和安全注意事项，并简要介绍地电位带电更换 110kV 输电线路并沟线夹的作业方法。

学习目标

- 掌握地电位作业法处理 110kV 输电线路导线耐张线夹（压缩型）发热节点的作业流程，危险点分析与控制措施。

- 掌握地电位带电更换 110kV 输电线路并沟线夹的作业方法。

第二节　业务基础知识

一、设备简介

1. 压缩型耐张线夹

压缩型耐张线夹由铝管和钢锚组成，钢锚与钢芯铝绞线的钢芯连接，承担导线的机械张力；铝管与导线铝股连接，承担通流功能，如图 5-1 所示。压缩型耐张线夹的特点是电气连接效果好，跳线长度可自由调节。

图 5-1　压缩型耐张线夹

2. 螺栓型耐张线夹

通过 U 形螺栓的垂直压力与线夹产生的摩擦效应来固定导线，具有结构简单、便于施工等优点。螺栓型耐张线夹如图 5-2 所示。

图 5-2　螺栓型耐张线夹

二、常用作业方法

这里会针对压缩型耐张线夹发热处理和并沟线夹发热处理的作业方法分别做介绍。

1. 耐张线夹发热处理作业方法

（1）地电位法紧固连接螺栓。地电位法紧固耐张线夹连接螺栓，是处理节点发热较为常用的一种方法，作业时采用装有棘轮扳手的绝缘操作杆，对发热的耐张线夹螺栓进行紧固，增大节点接触面的压力，降低接触电阻，从而达到提高通流能力和降低节点温度的目的（见图5-3）。

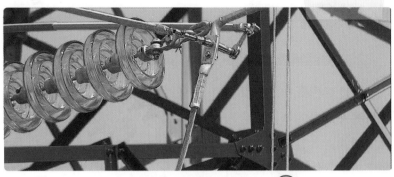

图 5-3　地电位法紧固连接螺栓

小贴士

优点	缺点
操作简单，效率高。	只适用于耐张线夹轻微松动和初期发热的情况。

（2）地电位法安装分流夹具。地电位法安装分流夹具是一种较为安全、有效的节点发热处理方法，作业时采用两人相互配合，将分流夹具通过绝缘操作杆分别安装在发热的耐张线夹两侧，将大部分电流转移至分流夹具上，从而降低耐张线夹的温度（见图5-4）。

图 5-4　地电位法安装分流夹具

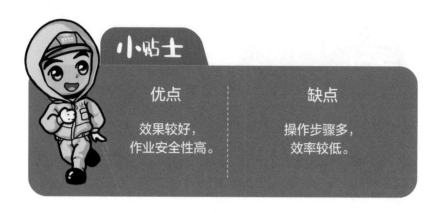

小贴士

优点	缺点
效果较好，作业安全性高。	操作步骤多，效率较低。

（3）等电位法紧固连接螺栓。作业前在待紧固耐张线夹附近安装绝缘平梯，等电位作业人员沿绝缘平梯进入强电场，对发热耐张线夹连接螺栓进行紧固，从而达到提高通流能力和降低节点温度的目的（见图5-5）。

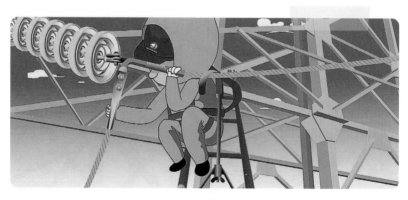

图 5-5 等电位法紧固连接螺栓

小贴士

优点

操作简单。

缺点

只适用于耐张线夹轻微松动和初期发热的情况，且易造成人员烫伤等风险。

等电位法紧固连接螺栓现场

（4）等电位法安装分流装置。作业前在耐张线夹附近安装绝缘平梯，等电位作业人员沿绝缘平梯进入强电场，在发热耐张线夹两侧安装分流装置，将大部分电流转移至分流装置上，从而降低发热耐张线夹的温度（见图5-6）。

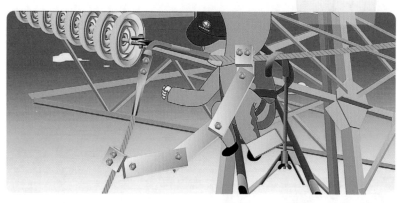

图5-6 等电位法安装分流装置

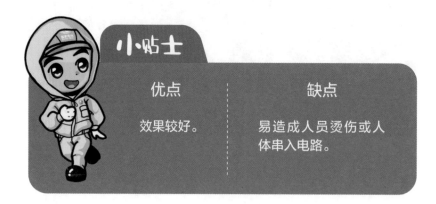

小贴士

优点	缺点
效果较好。	易造成人员烫伤或人体串入电路。

2. 并沟线夹发热处理作业方法

（1）地电位法更换并沟线夹。作业时，先用并沟线夹本体固定器，将待安装并沟线的本体固定牢靠，再用棘轮扳手依次安装并沟线夹的三个压板并锁紧螺栓，直至完成并沟线夹安装。用相同的工具，相反的操作顺序拆除旧并沟线夹（见图 5-7 至图 5-10）。

图 5-7　固定并沟线夹本体

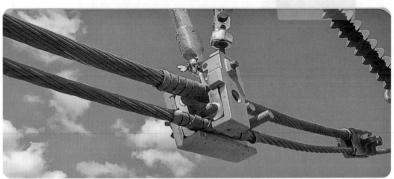

图 5-8　安装并沟线夹压板

图 5-9　锁紧螺帽

图 5-10　逐一安装三个压板

小贴士

优点	缺点
作业人员无需直接接触带电体，人体远离带电导线，特别适合空气间隙较小的作业环境。	操作人员对工具使用的熟练程度要求较高。

（2）等电位法更换并沟线夹。作业时，先在待更换并沟线夹的引流线处安装绝缘平梯，等电位作业人员沿绝缘平梯进入强电场，拆除待换并沟线夹，再在原位置安装新并沟线夹，退出电场，拆除绝缘平梯等工具（见图5-11）。

图5-11　等电位法更换并沟线夹

小贴士

优点	缺点
塔上作业人员作业强度较小。	人体需直接接触带电体，在空气间隙较小的作业环境下安全风险较高。

第三节 作业前期准备

优秀的"特种兵"你准备好新的战斗了吗？

带电作业"特种兵"战前需要做如下准备工作

01

流程准备

02

人员准备

03

工器具准备

04

材料准备

一、流程准备

　　前面项目已经详细讲述了流程准备的 5 个关键环节，这里不做过多讲述，但是作业前请按照下面的检查表进行回顾，确认所有流程都已经完成（见图 5-12）。

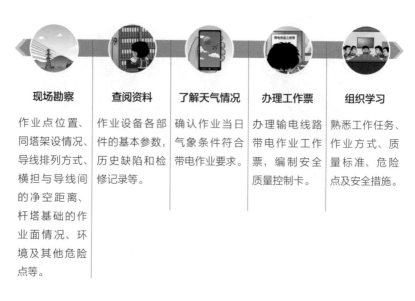

现场勘察	查阅资料	了解天气情况	办理工作票	组织学习
作业点位置、同塔架设情况、导线排列方式、横担与导线间的净空距离、杆塔基础的作业面情况、环境及其他危险点等。	作业设备各部件的基本参数，历史缺陷和检修记录等。	确认作业当日气象条件符合带电作业要求。	办理输电线路带电作业工作票，编制安全质量控制卡。	熟悉工作任务、作业方式、质量标准、危险点及安全措施。

图 5-12　流程准备内容

二、人员准备

工作负责人（监护人）1名、杆（塔）上电工2名、地面电工2名。现场人员分工如图5-13所示。

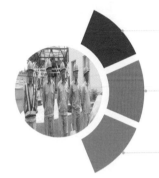

工作负责人（1名） 负责整个施工过程、工艺标准、质量要求以及施工安全。

塔上电工（2名） 负责塔上操作。

地面电工（2名） 负责传递工器具、材料，与塔上作业人员配合操作。

图5-13 现场人员分工

三、工器具准备

不同的战斗场景需要匹配不同的战斗装备！

开展 110kV 输电线路导线耐张线夹发热带电处理作业，会使用到绝缘工器具、金属工器具、个人防护装备和辅助工器具。

1. 绝缘工器具

作业过程中会使用到的绝缘工器具如图 5-14 所示。

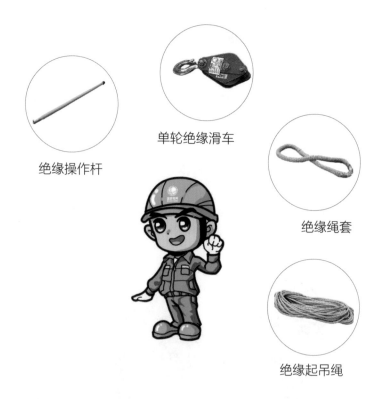

绝缘操作杆

单轮绝缘滑车

绝缘绳套

绝缘起吊绳

图 5-14 绝缘工器具

2. 金属工器具

作业过程中会使用的金属工器具如图 5-15 所示。

图 5-15　棘轮扳手

3. 个人防护工器具

作业过程中会使用的个人防护工器具如图 5-16 所示。

安全帽

安全带

后备保护绳

图 5-16　个人防护装备

4. 辅助工器具

作业过程中会使用的辅助工器具如图 5-17 所示。

钢丝刷

风湿度仪

红外热成像仪

绝缘测试仪

个人工具

防潮苫布

图 5-17　辅助工器具

5. 工器具清单

作业过程中会使用到的工器具清单见表 5-1。

表 5-1　　　　　　　　　　　工器具清单

序号	名称	型号/规格	数量	单位	备注
1	绝缘操作杆	3m	2	副	
2	单轮绝缘滑车	5kN	1	只	
3	绝缘绳套	ϕ 12mm	1	条	
4	绝缘传递绳	ϕ 12mm	1	条	
5	绝缘安全带		2	条	配后备保护绳
6	安全帽		5	顶	
7	个人工具		1	套	
8	钢丝刷		1	把	
9	风湿度仪		1	台	
10	绝缘测试仪	ST2008	1	台	
11	防潮苫布	3m×3m	1	块	
12	棘轮扳手	地电位	2	套	
13	红外热成像仪		1	台	

6. 材料准备

作业时需准备的材料清单见表 5-2。ρ 型分流桥如图 5-18 所示。

表 5-2　　　　　　　　　　　　　材料清单

序号	名称	型号/规格	数量	单位	备注
1	ρ 型分流桥	与导线型号配套	1	套	

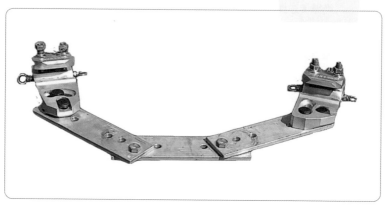

图 5-18　ρ 型分流桥

第四节
现场作业风险点分析与控制

开展 110kV 输电线路导线节点发热带电处理作业，过程中可能遇到哪些风险呢？

工具失效、机械伤害、高处坠落、高电压风险和恶劣天气等风险都可能出现。

　　五种常见作业风险点如图 5-19 所示，必须深入分析危险触发条件并采取有效预控措施，确保安全施工。

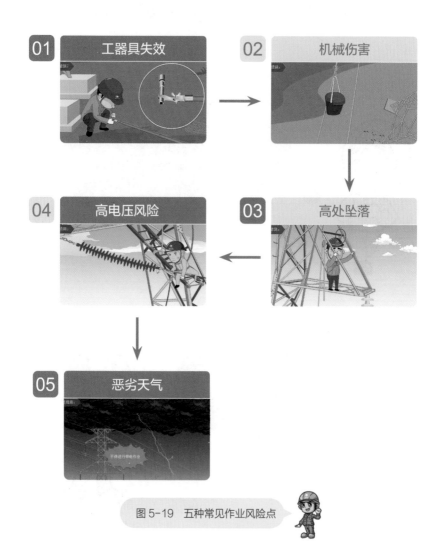

图 5-19　五种常见作业风险点

1. 危险类型一：工器具失效

作业过程中有可能会出现工器具失灵或工器具连接失效，请特别注意防范。

防范措施：

作业前应认真检查紧固扳手与绝缘操作杆连接是否完好牢靠（见图 5-20）。

图 5-20 检查紧固扳手与绝缘操作杆连接

2. 危险类型二：机械伤害

作业过程中有可能会出现高处落物，请特别注意防范。

防范措施：

绝缘操作杆、分流夹具应使用绝缘绳索传递，并沟线夹等小件物品应装袋（见图 5-21），作业点正下方禁止人员逗留或穿行（见图 5-22）。

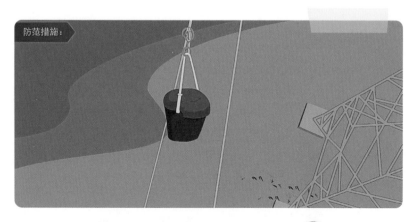

防范措施：

图 5-21　并沟线夹等小件物品装袋传递

防范措施：

图 5-22　作业点正下方禁止人员逗留或穿行

3. 危险类型三：高处坠落

作业登高及移位过程中发生高处坠落，或作业过程中发生高处坠落，请特别注意防范。

防范措施：

（1）攀登杆塔时，注意爬梯或脚钉是否牢固、可靠（见图5-23）。

图 5-23 检查杆塔脚钉

（2）杆上转移作业位置时，不得失去安全带保护（见图5-24）。

图 5-24 转移位置不得失去安全带保护

（3）安全带应系在牢固的构件上，检查扣环是否扣牢（见图5-25），安全带、后备保护绳应分别系挂在不同的牢固构件上（见图5-26）。

防范措施：

图 5-25　检查扣环是否扣牢

防范措施：

图 5-26　安全带、后备保护绳应分开系挂

4. 危险类型四：高电压风险

作业过程中有可能会发生工具绝缘失效、空气间隙击穿，请特别注意防范。

防范措施：

（1）绝缘工具应定期试验合格；运输过程中，应妥善保管，避免受潮（见图 5-27）。

图 5-27　绝缘工具应定期试验合格

（2）现场使用绝缘工具前，应用绝缘测试仪器检查其绝缘阻值不小于 700MΩ（见图 5-28）。

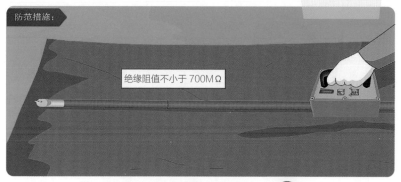

图 5-28　绝缘操作杆电阻测试

（3）使用绝缘工具时，操作人员应戴防汗手套（见图 5-29）。

图 5-29　戴防汗手套使用绝缘工具

（4）作业过程中绝缘绳的最小有效绝缘长度应保持在1.0m及以上；绝缘操作杆的最小有效绝缘长度应保持在1.3m及以上（见图5-30）。

图5-30　绝缘工器具最小有效绝缘长度要求

（5）对于发热严重的耐张线夹，等电位作业人员在安装分流装置时，应注意电压降造成的电弧伤害（见图5-31）。

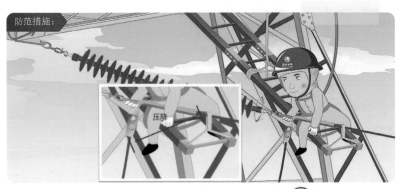

图5-31　注意电压降造成的电弧伤害

32

（6）作业前，应确认空气间隙满足安全距离的要求（见图 5-32）；对于无法确认的，应现场实测确认后，方可进行作业（见图 5-33）。

图 5-32 空气间隙满足安全距离的要求

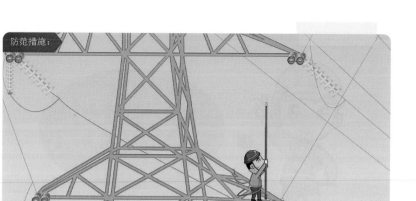

图 5-33 实测确认后方可进行作业

（7）塔上电工作业过程中应注意与带电体保持足够的安全距离（见图 5-34）。

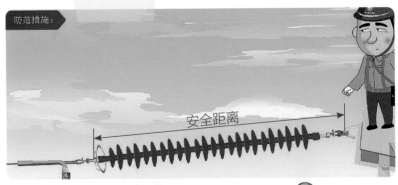

防范措施：

安全距离

图 5-34 与带电体保持足够的安全距离

5.危险类型五：恶劣天气

作业过程中有可能会气象条件不满足要求或天气突变，请特别注意防范。

防范措施：

（1）带电作业应在良好的天气下进行（见图 5-35），雷、雨、雪、雾天不得进行带电作业；风力大于 5 级、相对湿度大于 80% 时，一般不宜进行带电作业（见图 5-35）。

防范措施：

图 5-35　良好的天气下方可作业

（2）作业前，应事先了解天气情况，在作业现场工作负责人应时刻注意天气变化，特别是夏季的雷雨；作业过程中，发生天气突变时，应在保证人员安全的前提下，尽快撤离（见图 5-36）。

防范措施：

图 5-36　天气突变撤离现场

第五节　现场作业程序

现场作业程序包括履行许可手续、现场开工准备、现场作业过程、工作终结手续、资料整理归档5个主要阶段，如图5-37所示。

| 履行许可手续 | 现场开工准备 | 现场作业过程 | 工作终结手续 | 资料整理归档 |

核对杆塔编号、位置	施工验收
现场气象条件判定	工器具、材料整理
召开班前会	召开班后会
设备及工器具现场检查	履行终结手续
穿戴、检查防护装备	

图5-37　现场作业流程

本节主要详细介绍110kV输电线路导线耐张线夹（压缩型）发热带电处理，并在流程结束后对带电更换110kV输电线路并沟线夹现场作业过程进行简单描述以供参考。

一、履行许可手续

工作负责人联系调度值班员履行许可手续（见图 5-38）。

图 5-38　履行许可手续

带电作业"特种兵"郑重提醒：作业前必须先履行许可手续！

二、现场开工准备

带电作业"特种兵"
开门6件事，缺一不可哦！

1. 到达作业现场

全体作业人员到达作业现场，摆放好工器具及材料。

2. 核对杆塔编号

工作负责人核对工作票中线路名称及杆塔号是否与工作票一致。

3. 查看气象条件

工作负责人查看现场气象条件。

4. 现场班前会

宣读工作票、交代工作内容、告知危险点及现场安全措施，进行人员分工和技术交底，并履行确认手续。

5. 杆塔外观检查

进行杆塔外观检查，确认塔身、基础、脚钉外观无异常。

6. 工具摆放

作业现场铺设防水苫布，然后将工具摆放整齐。

7. 工器具检查

开工前应进行工器具外观检查（见图5-39）。

图5-39　工器具外观检查

8. 绝缘工具清洁

作业前应对绝缘工具进行表面清洁（见图5-40）。

图5-40　清洁绝缘操作杆

9. 绝缘工具检测

作业前对绝缘操作杆、绝缘绳等绝缘工具进行绝缘检测（见图 5-41）。

图 5-41　对绝缘工具进行绝缘检测

10. 调整夹具

地面电工预先将 ρ 型分流桥两端夹具调整至待用状态（见图 5-42）。

图 5-42　ρ 型分流桥两端夹具调整

11. 冲击检查

塔上1号、2号电工分别冲击检查安全带、后备保护绳（见图5-43）。

图5-43 冲击检查安全带

三、现场作业过程

（一）地电位作业法进行110kV输电线路导线耐张线夹（压缩型）发热处理

采用地电位作业法进行110kV输电线路导线耐张线夹（压缩型）发热处理，主要包括以下4个阶段（见图5-44）：

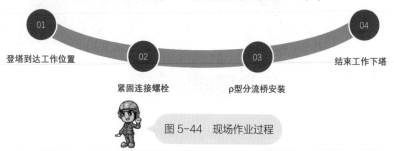

01 登塔到达工作位置
02 紧固连接螺栓
03 ρ型分流桥安装
04 结束工作下塔

图5-44 现场作业过程

1. 登塔到达工作位置

（1）工作负责人指挥地面电工使用红外热成像仪对发热点进行测温，并做好记录（见图5-45和图5-46）。

图 5-45　第一次测温

图 5-46　记录测温结果

（2）经工作负责人同意后，1号、2号塔上电工携带传递绳登塔（见图5-47）。

图5-47 塔上电工登塔

（3）塔上电工登塔至作业相横担上方合适位置，绑好安全带，挂好滑车及传递绳（见图5-48）。

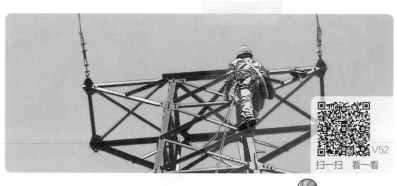

V52

扫一扫 看一看

图5-48 绑好安全带，挂好滑车及传递绳

2. 紧固连接螺栓

地面电工将装有紧固扳手的绝缘操作杆传递至塔上。1 号、2 号电工相互配合，对发热节点的连接螺栓进行紧固（见图 5-49 和图 5-50）。

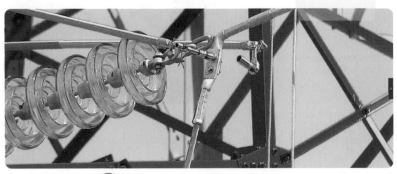

图 5-49　固定螺栓头，防止转动

图 5-50　棘轮扳手套住螺帽进行紧固

扫一扫　看一看

3.ρ 型分流桥安装

（1）紧固操作完毕后，等待一段时间，再次检测节点温度，确认节点温度是否有明显下降（见图 5–51）。

图 5–51 再次测温确认效果

（2）若节点紧固后，温度未明显下降，则地面电工将装有钢丝刷的绝缘操作杆传递至塔上。1 号电工对耐张线夹和引流线线夹出口处合适位置的导线表面进行打磨（见图 5–52），清除氧化层，打磨长度约 150mm。

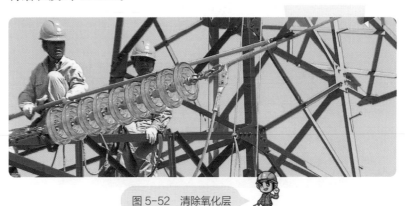

图 5–52 清除氧化层

（3）氧化层清除完毕后，地面电工将 ρ 型分流桥传递至塔上（见图5-53）。

图5-53 ρ型分流桥传递至塔上

来自老兵
的提醒

特种兵需要谨防擦枪走火。传递 ρ 型分流桥时应特别注意控制方向，防止其短接空气间隙，造成安全距离不足而短路。

（4）1号、2号电工相互配合，利用绝缘操作杆控制 ρ 型分流桥夹具的开口方向，将夹具安装在耐张线夹出口处已清除氧化层的导线上（见图5-54）。

图 5-54　夹具安装在耐张线夹出口处已清除氧化层的导线上

（5）控制 ρ 型分流桥另一端的夹具，将夹具安装在引流线上（见图5-55）。

图 5-55　夹具安装在引流线上

（6）1号、2号电工相互配合，将两端线夹及各连接点的紧固螺栓依次锁紧（见图5-56）。

图5-56 紧固螺栓依次锁紧

（7）1号电工利用绝缘操作杆，将绑扎在 ρ 型分流桥上的绝缘绳拆除（见图5-57）。

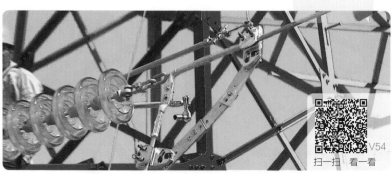

扫一扫 看一看

图5-57 拆除 ρ 型分流桥上的绝缘绳

4. 下塔

（1）紧固操作完毕一段时间后，再次检测节点温度，确认节点温度是否有明显下降，验证处理效果（见图5-58）。

图5-58　测温验证处理效果

（2）待线夹温度恢复正常后，塔上电工检查确认塔上无遗留工具，携带绝缘滑车及绝缘传递绳下塔（见图5-59）。

V55
扫一扫 看一看

图5-59　携带工具下塔

（二）带电更换110kV输电线路并沟线夹

带电更换110kV输电线路并沟线夹通常包括4个工作步骤，在此仅就最关键的安装新并沟线夹和拆除旧并沟线夹进行简单介绍（见图5-60）。

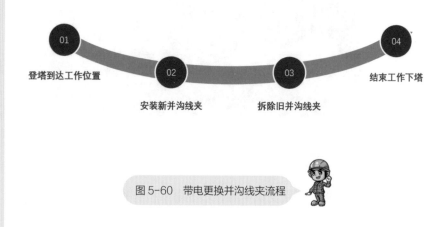

01 登塔到达工作位置
02 安装新并沟线夹
03 拆除旧并沟线夹
04 结束工作下塔

图5-60　带电更换并沟线夹流程

1. 安装新并沟线夹

（1）1号电工将新并沟线夹本体安装在"并沟线夹本体拆装机构"的铝合金凹型固定体上（见图5-61），调节侧面顶紧螺丝，使并沟线夹本体与铝合金凹型固定体保持水平（见图5-62）。调节凹型固定体背面的三个顶紧螺丝，使并沟线夹的锁紧螺栓与线夹本体保持垂直状态（见图5-63）。

图 5-61　新并沟线夹本体安装固定体上

图 5-62　调节侧面顶紧螺丝

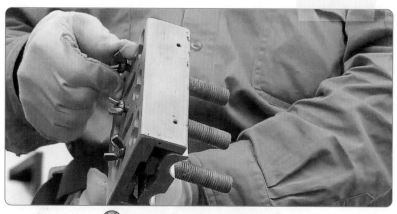

图 5-63　调节背面的顶紧螺丝

（2）1号电工将装好的并沟线夹本体移动至新并沟线夹安装处（见图5-64）。

图 5-64　并沟线夹本体移至安装位置

（3）2号电工将并沟线夹的压板、平垫片和弹簧垫片安装在"并沟线夹压板拆装机构"上后（见图5-65），将其安装在并沟线夹锁紧螺栓上（见图5-66）。

图 5-65 放置压板、平垫片和弹簧垫片

图 5-66 将并沟线夹压板垫片安装在螺栓上

（4）2号电工先用带磁性的棘轮套筒扳手将并沟线夹锁紧螺帽安装到螺栓上，采用同样的方法安装另外两块压板并锁紧螺栓（见图5-67至图5-69）。

图5-67 锁紧螺帽安装到螺栓上

图5-68 1号、2号电工配合工作

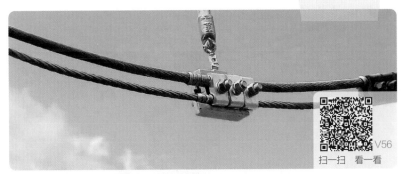

V56

扫一扫 看一看

图 5-69 逐一完成压板安装

2.拆除旧并沟线夹并清除氧化层

（1）放下圆桶包，以便螺母拆除后，接住并沟线夹压板，避免造成高空坠物（见图5-70）。1号电工将并沟线夹更换装置的"并沟线夹本体拆装机构"固定待更换并沟线夹本体上，并锁紧紧固螺栓（见图5-71）。

图 5-70 摆放圆筒包到位

图 5-71　固定并沟线夹本体

（2）2号电工使用棘轮扳手依次松开并沟线夹的三个锁紧螺栓的螺母（见图5-72）。

图 5-72　松开压板螺母

（3）若并沟线夹压板没有脱落，则2号电工将并沟线夹更换装置的"并沟线夹压板拆装机构"套在待更换并沟线夹的压板上，锁紧顶紧螺栓，依次将三个压板拆除（见图5-73）。

图5-73　拆除并沟线夹压板

（4）1号电工通过"并沟线夹本体拆装机构"将并沟线夹本体拆除（见图5-74）。

扫一扫　看一看

图5-74　拆除并沟线夹本体

四、工作终结手续

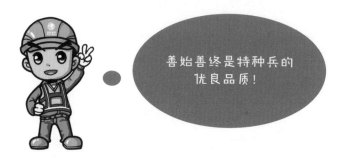

善始善终是特种兵的
优良品质！

作业结束后，带电作业人员应完成检查验收、整理工具、召开班后会、办理终结手续四项任务。竣工验收流程如图 5-75 所示。

1. 检查验收

工作负责人依据施工验收规范，对 ρ 型分流桥安装工艺、质量进行检查，并确认塔上无遗留物。

2. 整理工具

地面电工整理工具、材料并摆放整齐。

3. 召开班后会

工作负责人召集全体工作班成员，召开班后会。（点名、塔上人员汇报、工作负责人点评）

4. 办理终结手续

工作负责人与值班调度员联系，办理工作终结手续。

图 5-75　竣工验收流程

五、资料整理归档

完成工作票归档、录音上传等相关流程（见图5-76）。

图5-76 资料整理归档

恭喜你，顺利完成了110kV输电线路导线耐张线夹（压缩型）发热节点带电处理的作战任务！

如果引流线采用并沟线夹连接时，并沟线夹发热该如何处理呢？

地电位法更换并沟线夹主要的危险点控制措施和操作的关键点都有哪些呢？

关键点：利用绝缘操作杆和并沟线夹专用工具进行并沟线夹拆装时，塔上两名地电位电工应配合默契，尤其安装新并沟线夹时需要熟练的安装操作技巧。

危险点控制措施：一是作业前应确认线路负荷情况，当线路负荷较大时应先安装新线夹，后拆除旧线夹；二是安装过程中，应防止引流线摆动过大造成相间短路。

第六节 总结与提升

一、内容总结

本项目讲述了110kV输电线路导线发热节点带电处理的作业流程、操作方法、质量要求，以及作业过程存在的危险点和预控措施。

二、知识点回顾

1. 作业方法（见图5-77）

图 5-77　地电位法安装分流夹具

2. 作业流程准备（见图 5-78）

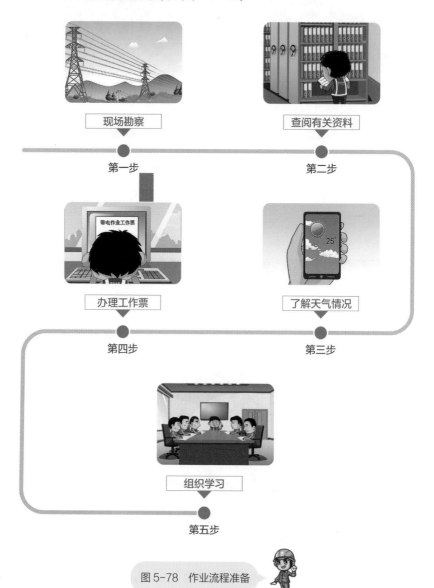

图 5-78 作业流程准备

3.现场作业风险点分析与控制（见图5-79）

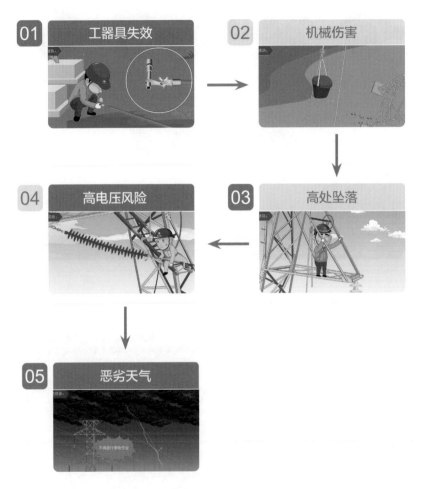

图5-79 现场作业风险点分析与控制

4. 现场作业流程（见图 5-80）

履行许可手续　　现场开工准备　　现场作业过程　　工作终结手续　　资料整理归档

图 5-80　现场作业流程

三、拓展再应用

- 此方法还可以应用在其他哪些作业项目中？
- 项目中使用的工器具可以扩展应用到哪些场景？
- 此作业方法可以做哪些优化改善？

四、考一考

1. 本项目中采用的方法有哪些优点和缺点？

2. 本作业项目里面有哪些特殊的工器具？

3. 本作业项目的主要风险有哪些？如何进行预控？

4. 简单列出从开始登塔到回到地面具体操作步骤。

5. 采用同样的方法还可以进行哪些节点发热消缺工作？